Ueber
Wirkungen aus der Ferne.

Eine am 1. März
im Vereine für wissenschaftliche Vorträge
gehaltene
Vorlesung
von

H. W. Dove.

Berlin,
Druck und Verlag von G. Reimer.
1845.

Von den sinnlichen Wahrnehmungen geschehen einige nur in größter Nähe, andre aus weiterer oder geringerer Ferne. Hand und Mund verlangen, um urtheilen zu können, unmittelbare Berührung, auch bei dem Geruche nehmen wir an, daß der duftende Körper etwas Materielles bis zu unserm Organe sende. Erst für das Ohr schließt sich eine größere Ferne auf, für das Auge eine ungemessene. Wir rechnen daher Gefühl, Geschmack und Geruch zu den niedern Sinnen, im Gegensatz zu Gehör und Gesicht, welche wir mit dem Namen der höhern bezeichnen, in Beziehung auf das Gefühl vielleicht mit Unrecht, denn während Auge und Ohr uns oft täuschen, unterscheidet die Hand den Schein von der Wirklichkeit und in diesem Sinne sagen wir: ich kann es nicht fassen, ich begreife es nicht, gleichbedeutend mit: ich verstehe es nicht, ich sehe es nicht ein. Außerdem sind auch für das Gefühl Wirkungen aus weiter Ferne vorhanden, denn treten wir im Frühling bei noch nicht durchwärmter Luft aus dem kühlen Schatten in den Bereich der Sonnenstrahlen, so fühlt auch der Blinde die Gegenwart des wohlthuenden Gestirns, welches dem Sehenden die Fülle der

Natur eröffnet. Nicht auf den Schwingen des Lichtes gelangt diese Wärme zu uns, denn es ist möglich in den Sonnenstrahlen das Leuchten vollständig zu unterdrücken, ohne ihnen ihre wärmende Kraft zu nehmen, und umgekehrt den Strahlen ihren blendenden Glanz zu erhalten und sie vollständig abzukühlen. Es sind also drei Naturthätigkeiten, welche aus der Ferne uns sinnlich anregen, Licht, Schall und Wärme. Wie geschieht diese Wirkung aus der Ferne?

Wenn in dem heutigen Vortrage vorzugsweise nur vom Hören gesprochen werden soll, weil die Zeit mangelt, um alle Wirkungen aus der Ferne in gleicher Weise zu betrachten, so scheint es zunächst einer Entschuldigung zu bedürfen, aus dem reichen Gebiete der Naturerscheinungen einen so bekannten Gegenstand gewählt zu haben. Aber das ist eben das Eigenthümliche der Naturforschung, daß sie in den gewöhnlichsten Erscheinungen ein Problem sieht, daß der Physiker in einer Welt der Räthsel wandelt, wo für den unbefangenen Menschen sich alles von selbst versteht. Wenn die Musik uns über Raum und Zeit hinwegführt, wenn im Moment des künstlerischen Ergriffenseyns jeder Hörer von dem Schmerz und der Lust bewegt wird, welchen sie ausdrückt, so vergißt freilich auch der Physiker über dem, was er hört die Frage, wie er es hört. Aber sollte die Beantwortung derselben nicht auch des Nachdenkens werth seyn, sollten diese Räume, welche der ausübenden Kunst gewidmet sind, dadurch entweiht werden, daß diese Kunst selbst zum Gegenstand einer wissenschaftlichen Besprechung gewählt wird? Ich glaube es nicht, und um eine Autorität für mich zu haben, will ich unsern ersten Dichter für mich sprechen lassen.

„Die Natur ist es ganz, die sich dem Sinne des Auges

besonders offenbaren will. Ebenso entdeckt sich die Natur einem andern Sinne. Man schließe das Auge, man öffne, man schärfe das Ohr und vom leisesten Hauch bis zum wildesten Geräusch, vom einfachsten Klang bis zur höchsten Zusammenstimmung, von dem heftigsten leidenschaftlichen Schrei bis zum sanftesten Worte der Vernunft ist es nur die Natur, die spricht, ihr Daseyn, ihre Kraft, ihr Leben und ihre Verhältnisse offenbart, so daß ein Blinder, dem das unendlich Sichtbare versagt ist, im Hörbaren ein unendlich Lebendiges fassen kann.

So spricht die Natur hinabwärts zu andern Sinnen, zu bekannten, verkannten, unbekannten Sinnen; so spricht sie mit sich selbst und zu uns durch tausend Erscheinungen. Dem Aufmerksamen ist sie nirgends todt noch stumm, ja dem starren Erdkörper hat sie einen Vertrauten zugegeben, ein Metal, an dessen kleinsten Theilchen wir dasjenige, was in der Masse vorgeht, gewahr werden sollen.

So mannigfaltig, so verwickelt und unverständlich uns oft diese Sprache scheinen mag, so bleiben doch ihre Elemente immer dieselbigen. Mit leisem Gewicht und Gegengewicht wägt sich die Natur hin und her, und so entsteht ein Hüben und Drüben, ein Oben und Unten, ein Zuvor und Hernach, wodurch alle die Erscheinungen bedingt werden, die uns im Raum und in der Zeit entgegentreten.

Diese allgemeinen Bewegungen und Bestimmungen werden wir auf die verschiedenste Weise gewahr, bald als ein einfaches Abstoßen oder Anziehen, bald als ein aufblinkendes und verschwindendes Licht, als Bewegung der Luft, als Erschütterung des Körpers, jedoch immer als verbindend oder trennend, das Daseyn bewegend und irgend eine Art von Leben befördernd.

Indem man aber jenes Gewicht und Gegengewicht von ungleicher Wirkung zu finden glaubt, so hat man auch dieses Verhältniß zu bezeichnen versucht. Man hat ein Mehr und Weniger, ein Wirken ein Widerstreben, ein Thun ein Leiden, ein Vordringendes ein Zurückhaltendes, ein Heftiges ein Mäßigendes, ein Männliches ein Weibliches überall bemerkt und genannt; und so entsteht eine Sprache, eine Symbolik, die man auf ähnliche Fälle als Gleichniß, als nahverwandten Ausdruck, als unmittelbar passendes Wort anwenden und benutzen mag."

Diese Natursprache im Gebiete des Hörbaren uns etwas verständlicher zu machen, will ich in dem heutigen Vortrage, so weit dieß ohne Experimente möglich ist, versuchen.

Wenn ich eine tönende Stimmgabel oder Saite berühre, so fühle ich deutlich das Beben derselben. Diese Schwingungen lassen sich sichtbar machen, wenn ich Sand auf eine Klangscheibe streue, während sie tönt. Er wird heftig in die Höhe geschleudert und ordnet sich in regelmäßigen Linien, den Chladnischen Klangfiguren. Über diesen Ruhelinien verschwindet der Ton vollständig, wenn ich die tönende Scheibe bei dem Ohre vorbeiführe. Der Körper tönt daher nur in so fern er bewegt wird, ja er tönt an den Stellen nicht, an welchen er nicht bewegt wird.*) Durch diese Schwingungen

*) Selbst dann nicht wenn man das Mittönen eines gleichgestimmten Körpers zu Hülfe nimmt. Führt man nämlich eine Röhre, welche für sich angeblasen denselben Ton als die Klangscheibe geben würde, über die Ruhelinie fort, so verschwindet der durch das Mittönen sehr verstärkte Ton vollkommen. Auf diese Weise kann man gleichzeitig Vielen dieses Verschwinden wahrnehmbar machen.

setzt der tönende Körper seine Umgebung, die Luft ebenfalls in Bewegung. Man sieht es deutlich, wenn man ein feines Pulver, das sogenannte Hexenmehl auf ihn pudert. Dieses Pulver wird an den Stellen, von welchen der Sand heruntergeschleudert wird, in einem heftigen Wirbel herumgetrieben und fällt zuletzt in einzelnen, vollkommen runden, getrennten Häufchen nieder, die eine Zeitlang noch ihre kreisende Bewegung fortsetzen. Im luftleeren Raume entstehen diese Wirbel nicht, auch hört man einen in demselben erregten Ton nicht, es gehören also zwei Dinge dazu, damit ein Ton vernommen werde, ein Körper um den Ton zu erzeugen, und ein Medium ihn bis zum Ohre fortzupflanzen. Beide schwingen, aber die Schwingungen des tönenden Körpers geschehen so, daß alle Theile gleichzeitig sich bewegen, in dem fortpflanzenden Medium setzt sich hingegen ein Theil nach dem andern in Bewegung. Um uns von diesen fortschreitenden Schwingungen ein anschauliches Bild zu verschaffen, wollen wir uns nach verwandten Erscheinungen umsehn, und dabei, um sicher zu gehen, Miß-Sommerville *) zur Führerin wählen, ohne auf die strengeren Untersuchungen der Schwingungsgesetze einzugehn, durch welche eine andre Dame Sophie Germain den höchsten mathematischen Preis der Pariser Akademie gewann.

Wenn ein Windhauch über ein Kornfeld streicht, so sehen wir eine Welle über dasselbe fortschreiten. Dieses Fortschreiten ist aber nur ein Schein, jeder Halm beugt sich unter dem Drucke des Windes, einer nach dem andern, aber er richtet sich wieder auf, um an derselben Stelle das Spiel

*) On the connexion of the physical sciences p. 137.

von Neuem zu beginnen. Denn in Folge der Elastizität der Halme steht jede Ähre nicht nur wieder auf, sobald der Druck verschwunden ist, sondern beugt sich auch fast ebensoweit in entgegengesetzter Richtung rückwärts, und fährt dann fort vorwärts und rückwärts zu schwanken, wie ein Pendel. Diese Schwankungen sind dieselben für jede einzelne Kornähre. Da jedoch ihre Schwingungen nicht zu gleicher Zeit anfangen, sondern nach und nach, so werden die Ähren in irgend einem Augenblick eine Mannigfaltigkeit von Stellungen haben. Einige der sich vorwärts beugenden Ähren werden andre auf ihren Schwankungen nach rückwärts treffen, und da die Schwingungszeiten für alle gleich sind, so werden sie in regelmäßigen Zwischenräumen zusammengedrängt werden. In die Mitte zwischen diese Stellen des stärksten Zusammengedrängtseyns werden Stellen fallen, wo die Ähren gelichtet stehn, indem sie nach entgegengesetzter Richtung gebeugt werden und nach andern gleichen Zwischenräumen werden Stellen vorkommen, wo die Halme bei aufrechter Stellung ihre natürliche Entfernung im Zustand der Ruhe einen Moment wieder erhalten. Das ganze Feld wird also eine regelmäßige Folge von Auflockerungen und Verdichtungen zeigen, die mit der Geschwindigkeit des Windes über dasselbe fortschreiten. Denken Sie sich statt der Kornähren Lufttheilchen, so haben Sie eine deutliche Vorstellung des Zustandes der Luft, wenn ein Schall sich durch dieselbe fortpflanzt. Da aber die Verbreitung des Schalles nach allen Seiten hin mit gleicher Geschwindigkeit erfolgt, so wird die Gestalt der Tonwellen kugelförmig seyn.

Der einzige Unterschied zwischen den Wellen eines Kornfeldes und denen der Luft, welche den Ton hervorbringen, ist, daß jede Kornähre durch eine äußere Ursache in Bewegung gesetzt wird, und von der Bewegung der übrigen gänzlich unabhängig bleibt, dagegen in der Luft, die eine zusammendrückbare und elastische Flüssigkeit ist, ein Theilchen, wenn es zu schwingen beginnt, seine Vibrationen den umliegenden Theilchen mittheilt, welche sie auf die ihnen anliegenden übertragen und so fort. Während der Wind daher auf jede einzelne Kornähre unmittelbar wirken muß, bedarf es bei der Tonerregung nur der Wirkung auf ein Lufttheilchen. Diese Wirkung nun geht von dem tönenden Körper aus, der daher nicht wie der Wind fortzuschreiten braucht, sondern, an derselben Stelle verharrend, dennoch fortrückende Wellen hervorruft. Wie dieß erfolgt, läßt sich aber eben so einfach einsehen. Eine schwingende Saite nämlich stößt die Luft fort nach der Richtung hin, nach welcher sie sich biegt, während auf der hohl werdenden Seite sich die Luft verdünnt. Bei dem Hin- und Herschwingen werden also Verdichtungen und Verdünnungen abwechselnd auf einander folgen, welche, indem sie auf die nebenliegenden Theilchen wirken, fortschreitende Wellen hervorrufen. Da nämlich jedes Lufttheilchen, ehe es von der Ruhe an einen gewissen Grad der Geschwindigkeit erreicht, alle zwischenliegenden Stufen der Geschwindigkeit durchläuft, bei jeder Stufe der Geschwindigkeit aber auf die benachbarten unbewegten oder weniger bewegten Theilchen wirkt, so werden zwischen den Stellen größter Verdichtung und größter Verdünnung alle Mittelstufen der Dichtigkeit sich finden. Die dichtesten Kugelschalen der fortschreitenden Tonwellen entsprechen den Wellenbergen der Wasserwellen, die verdünnten Kugelschalen den Wellenthälern. Die Schwingungen der Lufttheilchen geschehen aber der Länge nach, d. h.

jedes Theilchen entfernt sich im Sinne der fortschreitenden Tonwelle vom Erschütterungspunkte und kehrt dann zu seiner Stelle zurück, während die Wassertropfen der Quere nach schwingen, im Wellenberge in die Höhe steigen und sich dann ins Wellenthal hinabsenken, wie die Pflöckchen eines geöffneten Claviers, wenn man mit dem Finger schnell über die Tasten fährt. Die Schnelligkeit, mit welcher ein Lufttheilchen auf das danebenliegende wirkt, ist natürlich unabhängig von der größern oder geringeren Anzahl der Wiederholungen dieses Aktes, bei einer oft hin- und herschwingenden Saite werden daher die aufeinander folgenden Kugelschalen größter Verdichtung und Verdünnung näher an einander liegen als bei einer langsam schwingenden Saite. Die Größe der Ausbiegung der Saite bestimmt hingegen wie vielmal dichter die Luft auf den dichtesten Kugelschalen ist, als auf den am stärksten verdünnten. So wie wir daher bei den Wasserwellen die Höhe derselben und den Abstand der Wellenrücken von einander unterscheiden, so sondern wir bei den Tonwellen den Dichtigkeitsunterschied von der Wellenlänge. Jener bestimmt die Stärke des Tones, diese die Höhe desselben. Höhere Töne haben daher kürzere Wellenlängen als tiefe. Bei dem tiefsten C unserer Orgeln liegen die aufeinanderfolgenden Stellen größter Dichtigkeit 64 Fuß auseinander, bei dem höchsten Tone einer Opernsängerinn nur wenige Zoll. Befindet sich irgendwo in der Umgebung des tönenden Körpers ein gespanntes Häutchen, so wird dieses durch die sich abwechselnd verdichtende und verdünnende Luft ebenfalls in gleichdauernde Schwingungen versetzt. Eine solche Membrane ist das Trommelfell des menschlichen Ohrs. Der Größe der Einbiegungen desselben werden wir uns als Stärke des gehörten Tones bewußt, der Anzahl dieser Einbiegungen als seiner Höhe. Biegt sich unser Trommelfell 440mal in der Secunde in den Kopf hinein und 440mal heraus, so hören wir das a unser Stimmgabeln. *)

Bei dieser Auseinandersetzung werden in der hochverehrten Versammlung einige Zweifel rege geworden seyn, welche ich beseitigen muß ehe wir weitergehn. Wenn in der athemlosen Stille eines gefüllten Concertsaales der Virtuose eben nur die Saiten seiner Violine mit dem leise darüber gleitenden Bogen berührt und dennoch jeder Zuhörer jene geisterhaft verhallenden Töne vernimmt, soll man da glauben, daß jene kaum sichtbar bebende Saite 2000 Trommelfelle aus der Ferne wirklich erschüttert. Schwächt sich nicht jede mechanische Wirkung im Verhältniß der Masse, welche in Bewegung gesetzt wird. Wäre es nicht naturgemäßer, da die Körper aus der Entfernung anziehend und abstoßend auf einander wirken, an eine Wirkung der Art zu denken? Darauf erwiedere ich, daß nur unmittelbare Eindrücke auf die Sinnesorgane zu unserm Bewußtseyn gelangen, daß die schwächsten auf dieselben wirkenden Bewegungen zwar nicht mehr einzeln empfunden werden, aber dann, wenn sie sich schnell gleichmäßig wiederholen. Daß aber die unscheinbarsten Ursachen durch Anhäufung zu den großartigsten Wirkungen Veranlassung werden, davon einige Beispiele.

Wenn ich in gleichem Takte eine Schaukel anstoße, so

*) Nach Scheibler. Die Stimmgabeln der verschiedenen Theater sind nicht ganz gleich, denn nach Fischers Versuchen giebt das Berliner Theater dafür die Zahl 437, die grand opéra in Paris 431, das théâtre Feydeau 428, das théâtre italien hingegen nur 424. Fischer hatte diese Gabeln von Spontini erhalten. Abh. d. Brl. Akad. 1822 p. 207.

geräth sie zuletzt in so starke Schwingungen, daß ich sie nicht mehr anzuhalten vermag. Eine schwere Kirchenglocke wird auf ähnliche Weise zuletzt zum Tönen gebracht, so klein auch die ersten Schwingungen des Klöppels waren, als ich sie anfänglich zu bewegen versuchte. Ueber eine lange hölzerne Brücke darf Militair nicht im Tritt marschiren, denn die schwingende Erschütterung wird zuletzt so heftig, daß sie dem Gefüge des Ganzen nachtheilig wird. Die Kunst des Seiltänzers beruht ebenso auf dem Einhalten des Taktes als die Geschicklichkeit des Indianers, schnell über eine Hängebrücke zu laufen. Fährt ein Wagen durch ein Portal des königlichen Schlosses in gleichförmigem Trabe, so werden die Fenster der Kunstkammer noch heftig erschüttert. In meiner Kindheit habe ich oft einen hohen Thurm bestiegen, in welchem das Zimmer des Thürmers sich in einer höhern Etage als der Glockenstuhl befand. Die Wände dieses Zimmers waren mit Bildern verziert, welche in regelmäßigen Schwingungen das Geläute der Glocken begleiteten. Mein Erstaunen über diese Erscheinung verschwand, als mir später die Erfahrung bekannt wurde, welche man im vorigen Jahrhundert in England machte. *) Der Uhrmacher Ellicot hatte an der Wand seines Zimmers zwei Pendeluhren befestigt, von denen die eine ging, die andre stand. Zu seiner größten Verwunderung fing nach Verlauf einiger Stunden die andre Uhr an zu gehen, ohne angestoßen worden zu seyn. Das gleichförmige Tiktak der einen hatte die feste Mauer in kleine Bewegungen versetzt, die sich in gleichem Maaße addirend das frei herabhängende Pendel in immer größere Schwin-

*) An account of the influence which two pendulum clocks were observed to have upon each other Phil. Trans. 1741. XLI. p. 126.

gungen versetzten und endlich veranlaßten, daß die Uhr in Gang kam. Es hätte des Stoßes eines Erdbebens bedurft, um auf einmal diese Wirkung hervorzurufen. Wenn nun das Tiktak einer Uhr in gleichförmiger Folge die Wirkung eines Erdbebens erzeugt, so sehe ich nicht ein, warum mein Trommelfell für den reinen Ton eines vollendeten Künstlers unempfänglich seyn soll. Denn eben die Reinheit des Tons wird bedingt durch die Gleichförmigkeit der Schwingungen und eben dadurch die Möglichkeit gegeben die schwächsten Erschütterungen wahrzunehmen, wenn sie in vollkommen regelmäßiger Folge sich zuletzt zu einem wahrnehmbaren Effect addiren. Den Ton der Botspfeife hört man durch das Knarren der Spiren, durch das Flattern der Segel, das Brausen der Wogen und den heulenden Sturm hindurch, denn, obgleich von tausend Tönen in unregelmäßiger Folge gleichzeitig angeregt, bleibt das Trommelfell dennoch empfänglich für die stete Wiederkehr viel schwächerer aber in gleichen Intervallen folgender Inpulse. Aus denselben Gründen hört man die russische Hornmusik fast eine Meile weit, während das Marschiren einer Kompagnie auf festem Boden bei ruhiger Nacht nur 1400 — 2000′ weit vernommen wird, eine Schwadron Cavallerie im Schritt auf 1800′ im Trapp auf 2600′, fahrendes Geschütz im ersten Falle 1600′ im letztern 2400′ weit.

In dem eben Gesagten liegt ferner die Erklärung, warum die Saiten des Contrebasses weiter schwingen müssen als die der Violine, um vernommen zu werden. Bei der geringeren Anzahl Stöße müssen sie nämlich energischer seyn. Ebenso leuchtet unmittelbar ein, warum ein höherer Ton kürzere Zeit angehalten zu werden braucht als ein tieferer, endlich warum sehr langsame Schwingungen zuletzt gar nicht mehr als Ton vernommen werden. Bei den gewöhnlichen Methoden der Tonerregung war die geringste Anzahl der dazu nothwendigen Schwingung bisher 32, d. h. in einer Sekunde mußte das Trommelfell 16mal in den Kopf hinein und 16mal herausgebeugt werden, damit wir einen Ton vernehmen. Die neuere Physik hat vermittelst der Speichensirenen Mittel gefunden noch viel tiefere Töne zu erzeugen, die durch 14 bis 16 Schwingungen entstehen. *) Die Intensität der Erregung ist aber dabei so groß, daß in einem Saale, wo ein solcher Apparat aufgestellt ist, nicht das Geringste von dem Tone einer Orgel, eines Basses oder einer menschlichen Stimme gehört wird. Für die größte Anzahl Schwingungen, welche als höchster Ton vernommen werden, galt bisher die Zahl 32000. Durch ähnliche Verstärkungsmittel ist es gelungen, diese Zahl bis auf 48000 zu erhöhen.

Wenn über demselben Resonnanzboden zwei Saiten in vollkommenem Einklang gespannt sind, so kommt bei dem Anschlagen der einen die andre ebenfalls in Schwingungen, so daß ein kleiner darauf gelegter eingekniffener Papierstreifen von derselben heruntergeschleudert wird. Stimmt man die eine Saite etwas höher oder tiefer als die andre, so findet dieß nicht mehr statt, der Papierreuter bleibt unbewegt sitzen. Bei dem Spielen der Orgel bebt oft eine einzige Scheibe in einem hohen Kirchenfenster mit, wenn ein bestimmter Ton angeschlagen wird, der dann außerordentlich durch dieses

*) Savart note sur la perception des sons graves. Ann. de Ch. et de ph. 47. p. 61

Mittönen anschwillt, während alle andern Scheiben ruhig bleiben. Wenn man bei zugehaltener Nase und Mund stark und anhaltend ausathmet, so verdichtet sich die Luft in der Trommelhöle, das Trommelfell spannt sich nach Außen; dehnt man unter denselben Umständen die Brust durch Einathmen stark aus, so spannt sich das Trommelfell nach Innen, indem die Luft in der Trommelhöhle verdünnt wird. In beiden Fällen spricht das Trommelfell nicht mehr für tiefe Töne an, man ist taub für dieselben geworden. Das dumpfe Dröhnen des Wagens beim Fahren über eine Brücke verschwindet, während man das Klirren der Ketten an demselben noch deutlich hört. Als Colladon im Jahr 1820 in der Taucherglocke bei Howth in die See hinabstieg, fühlte er die Verdichtung der Luft als wenn ein eiserner Ring seinen Kopf einschnüre und war anfangs so unfähig zu hören, daß er seine eigene Stimme bei lautem Sprechen nicht vernahm. Auch giebt es Menschen, welche so kräftig gähnen können, daß sie während dieses Aktes vollkommen taub sind, und in geringerem Grade ist das bei jedem der Fall. Es ist das eine der Selbsthülfen, zu welchen die Natur in verzweifelten Fällen greift, das naive Geständniß, welches dem Redner sagt, höre auf, ich will nichts mehr hören.

Auf diese Weise begreifen wir denn auch, daß die Sphäre innerhalb welcher Töne vernommen werden, für verschiedene Individuen verschieden ist. Die meisten Menschen hören 9, einige 10 Oktaven vom tiefsten C der Orgel bis zu dem E, welches 6 Oktaven über dem mittleren E des Pianoforte liegt. Aber für manche Ohren ist schon das E, welches fünf Oktaven höher liegt, nicht wahrnehmbar, denn sie hören das Zirpen der Heuschrecken, des Heimchens, der Grasmücken und den Ton nicht, welchen die herumschwirrenden Fledermäuse erregen, ja wenn man verschiedenen Personen auf einer kurzen Pfeife immer höhere Töne vorspielt, so beschwert sich der eine über die unerträgliche Höhe derselben, während der andre absolut nichts mehr hört. *)

Wenn wir aus dem hohen Tone, welchen Insekten bei ihrem Flügelschlag durch die Bewegung ihrer Brustmuskeln erregen, **) schließen, daß sie mehrere tausendmal in der Sekunde ihre Muskeln zu strecken vermögen, während der stärkste englische Renner dieß nur fünfmal in derselben Zeit vermag, so liegt die Vermuthung nicht fern, daß Thiere, welche so hohe Töne hervorzubringen vermögen, auch viel höhere vernehmen, daß die Sphäre des Klanges vielleicht für sie da beginnt, wo sie für uns aufhört, daß sie laut mit einander sprechen, wo für uns vollkommene Stille. Es giebt kleine Thiere, welche das 80fache ihrer Höhe springen. Bei dem Turnen galt der für einen Heros, der einmal seine Höhe sprang. Unter Voraussetzung einer gleichen Muskelkraft würde der Mensch einen Satz machen 4mal höher als das königliche Schloß. Bei solchen Verschiedenheiten würde es mehr als gewagt seyn, die für uns gültigen Verhältnisse ohne weiteres auf andre Geschöpfe zu übertragen. Auch habe ich mir sagen lassen, daß wenn man gewissen wilden Thieren sehr tiefe Töne vorspielt, man aus dem gleichgültig bleibenden Ausdruck ihres Gesichts schließen kann, daß sie sie nicht hören.

---

*) Wollaston on Sounds inaudible by certain ears Ph. Tr. 8120. p. 306.

**) Burmeister über die Ursache der Töne, welche die Insecten während des Fliegens hören lassen. Pogg. Ann. 38. p. 283.

Auch der stärkste Lichtglanz vermag keinen unmittelbar wahrnehmbaren mechanischen Effect hervorzubringen. Wenn nun kleine Erschütterungen, um sinnlich wahrgenommen zu werden, einer vielfachen Wiederholung bedürfen, wie unendlich groß muß die Anzahl der Schwingungen seyn, welche unsre Netzhaut erregen, um in uns die Vorstellung: „ich sehe" hervorzurufen. Wenn wir nun bedenken, daß wir, wenn ein elektrischer Funke das Zimmer erhellt, vollkommen deutlich sehen, obgleich die Dauer dieses Leuchtens nicht den zehnmilliontesten Theil einer Secunde beträgt, so daß auch der am schnellsten bewegte Körper ruhend erscheint, wenn wir uns erinnern, daß wir dabei Farben unterscheiden können, also Unterschiede der Zahl dieser Schwingungen messen, wird man es da nicht nothwendig finden, daß in der Sphäre des Lichtes von Billionen Schwingungen gesprochen wird, da der Unterschied der Geschwindigkeit der Fortpflanzung für Schall und Licht so groß, daß ein mit einem Spiegel zurückgesendeter Sonnenstrahl nach einer Viertelstunde zur Sonne wieder zurück ist, die augenblickliche Antwort auf die Frage eines Sonnenbewohners erst nach dreißig Jahren.

In der Mitte eines großen finstern Zimmers mag sich ein Stab befinden, der in Schwingung versetzt ist und es soll zugleich eine Vorrichtung vorhanden seyn, die Geschwindigkeit dieser Schwingungen fortwährend zu vermehren. Ich trete in dieses Zimmer in dem Augenblicke, wo der Stab viermal schwingt. Weder Auge noch Ohr sagt mir etwas von dem Vorhandenseyn dieses Stabes, nur die Hand, welche seine Schläge fühlt, indem sie ihn berührt. Aber die Schwingungen werden schneller, sie erreichen die Zahl 32 in der Sekunde und ein tiefer Baßton schlägt an mein Ohr. Der

Ton erhöht sich fortwährend, er durchläuft alle Mittelstufen bis zum höchsten schrillenden Ton, aber nun sinkt alles in die vorige Grabesstille zurück. Noch voll Erstaunen über das, was ich hörte, fühle ich plötzlich von der Stelle her, an welcher der Ton verhallte, eine angenehme Wärme sich strahlend verbreiten, so behaglich, wie sie ein Kaminfeuer aussendet. Aber noch bleibt alles dunkel. Doch die Schwingungen werden noch schneller, ein schwaches rothes Licht dämmert auf, es wird immer lebhafter, der Stab glüht; roth, dann wird er gelb und durchläuft alle Farben bis nach dem Violett alles wieder in Nacht versinkt. So spricht die Natur nach einander zu verschiedenen Sinnen, zuerst ein leises nur aus unmittelbarer Nähe vernehmliches Wort, dann ruft sie mir lauter aus immer weiterer Ferne zu, endlich erreicht mich auf den Schwingen des Lichtes ihre Stimme aus unmeßbaren Weiten.

Bei der weiten Kluft, welche die Schwingungen des Tones von denen trennt, welche die Netzhaut erregen, würde es unbillig seyn, von dem Physiker zu verlangen, daß er diese Reihe von Versuchen an demselben Körper mit demselben Erregungsmittel darstelle. *) Selbst Paganini würde in Verlegenheiten gerathen seyn, wenn man von ihm verlangt hätte, auf der e Saite so lange zu spielen, bis sie leuchte. Ich wende mich an einen größeren Virtuosen, an das Johanniswürmchen, welches mir in der Hand still fortglüht, wenn ich es aus dem thauigen Grase aufgerafft, an die schäumende Meereswoge, wenn sie brandend ihre leuchtenden Funken überall umhersprützt.

*) Bei dem Trevelyan ist Wärme der den Ton erregende Körper, bei der chemischen Harmonika eine brennende Flamme.

Kehren wir zu dem Tone zurück. Damit er entstehe bedarf es, wie wir gesehn haben, der Schwingungen eines elastischen Körpers. Feste Körper haben aber eine doppelte Elasticität, die eine durch innere Steifigkeit, wie Glocken, Scheiben, Stimmgabeln, Stäbe, die andre durch Spannung, wie Saiten, Pauken und Trommelfelle. Von vorn herein ist es nun nicht wahrscheinlich, daß die Schwingungen der einen Art vollkommen gleichartig seien den Schwingungen der andern. Da nun aber die Reinheit des Tones abhängt von der vollkommenen Gleichartigkeit der Schwingungen, so sieht man leicht ein, warum man durch den Namen Glockentöne den Grad der höchsten Reinheit bezeichnet, warum Darmsaiten, wo die Spannungselasticität allein wirkt, den Metalsaiten vorzuziehen sind, in welchen, da sie doch zugleich Metalstäbe sind, sich beide Arten der Elasticität geltend machen. Wenn man bedenkt, wie vielseitig die menschliche Stimme im Verlauf des Lebens in Anspruch genommen wird, so ist es wohl einzusehen, daß zu den natürlichen Verhältnissen derselben künstliche Spannnugen hinzutreten werden, wodurch die Stimme jene eigenthümliche Frische verliert, die uns in Kinderstimmen mit allem natürlichen Reiz unbewußter Schönheit entgegentritt.

Denselben Bedingungen der Gleichartigkeit, welche in Beziehung auf den tönenden Körper erfüllt seyn müssen, damit er rein klinge, muß der den Schall fortpflanzende Körper genügen, wenn der erregte Ton deutlich vernommen werden soll.

Was die Stärke des fortgepflanzten Schalles betrifft, so hängt sie ab von der Stärke der ursprünglichen Erregung, von der Art dieser Erregung und von der Beschaffenheit des schallleitenden Mittels.

Daß eine Kirchenglocke stärker tönt und daher weiter vernommen wird als eine Klingel, daß ein Kanonenschlag in größerer Entfernung gehört wird als ein Flintenschuß, wird jeder begreiflich finden, denn die momentane Erschütterung der Luft ist im ersten Falle viel bedeutender als im letzteren. Während der Kanonendonner die Fenster zersprengt, eine Infanteriesalve eine Lavine ablösen kann, vermögen die größeren vulkanischen Explosionen noch viel bedeutendere Wirkungen hervorzubringen. Bei dem Ausbruche des Vesuvs am 23. und 24. Oktober 1822, wo die Aschen- und Feuersäule nach Brioschis Messung eine Höhe von 9000 Fuß erreichte, waren die Detonationen im Innern des Vulkans so stark, daß die bloße Erschütterung der Luft die Decken der Zimmer im Palaste von Portici sprengte. Darf man sich da wundern, daß, als am 30. April 1812 der Morne Garou auf St. Vincent aufbrach, ein furchtbares unterirdisches Getöse in allen Theilen einer Landstrecke von 2200 geographischen Quadratmeilen bis zum Rio Apure, d. h. so weit wie vom Vesuv nach Paris, Schrecken verbreitete, und daß 1835 das Brüllen des Coseguina in Kingston, San Salvador, Balize, St. Marta und St. Fé de Bogota also in einem Abstande von 200 deutschen Meilen so deutlich gehört wurde, daß man es für den Kanonendonner einer Seeschlacht hielt. Das Bombardement von Kopenhagen wurde am 2ten und 5ten September 1807 in Kolberg gehört. Diese Entfernung beträgt 38 Meilen. Auf der Hube bei Eimbeck hörte man Schüsse von Mainz 33 Meilen weit, in Hannover Schüsse von Helgoland 35 Meilen, in Shrewsbury und

Wales durch England hindurch auf mehr als 40 Meilen die Seeschlacht zwischen den Engländern und Holländern im Jahr 1672, ja am 4. December 1832 will man den Kononendonner von Antwerpen im Erzgebirge in einer Entfernung von 80 Meilen gehört haben.

Von der ursprünglichen Stärke eines Schalles kann man eine Vorstellung gewinnen, wenn man erfährt, welches andre Geräusch dadurch verdeckt wird. Als am 10. August 1831 ein furchtbarer Sturm das blühende Barbados verwüstete, war das Heulen des Orkans, der von NW hereinbrach, so, daß keine Sprache es zu beschreiben vermag. Obristlieutnant Nickle, Befehlshaber des 36sten Regiments, hatte unter einem Fensterbogen des untern Stockwerkes nach der Straße hin Schutz gesucht, und hörte wegen des Sturms nicht das Einstürzen des Daches und obern Stockwerkes. Die festesten Gebäude erbebten in ihren Grundmauern, ja die Erde selbst zitterte, als der Zerstörer über sie hinwegschritt. Kein Donner war zu hören, denn das gräßliche Geheul des Windes, das Brausen des Ozeans, dessen mächtige Wellen alles zu zerstören drohten, was die andern Elemente etwa verschonen möchten, das Geprassel der Ziegeln, das Zusammenstürzen der Häuser und Mauern und die Vereinigung von tausend andern Tönen bildete ein Entsetzen erregendes Geräusch. Wer fern war von dieser Schreckensscene, sagt der Berichterstatter, kann keine Vorstellung haben von den Empfindungen, die sie erregte.

Weniger intensives Geräusch wird natürlich in geringerer Entfernung wahrgenommen, ein Flintenschuß auf 8000 Schritt, gewöhnliches Sprechen wird auf 70′ noch deutlich vernommen, weswegen ein Theater etwa 2000 Zuhörer fassen kann, eine starke Männerstimme auf 400 Schritt, aber viel weiter über Wasser oder Eis, als über Land. In der Winternacht der Polarländer, wo alles Leben in tiefem Todesschweigen erstirbt, noch viel weiter. So erzählt Lieutenant Forster, daß er bei der dritten Parryschen Reise über die Eisfläche von Port Bowen mit einem Matroseu eine Unterhaltung auf 6696′ Entfernung führen konnte. Am 11ten Februar 1820 hörte Parry aus einer ähnlichen Entfernung einen Mann beim Gehen vor sich her pfeifen. Gespräche zweier neben einander gehender Matrosen, welche sie in der Entfernung von einer englischen Meile geführt hatten, wurden ihnen zu ihrem Erstaunen bei ihrer Rückkehr nach den Schiffen wiedererzählt. Welchen wesentlichen Einfluß aber die jedesmalige Beschaffenheit der Luft auf die Fortpflanzung des Schalles äußert, geht daraus hervor, daß oft sehr intensives Geräusch selbst aus geringer Entfernung nicht gehört wird.

Bei Cassano an der Adda, wo der Herzog von Vendome den Angriff des Prinzen Eugen abschlug, entschuldigte sich der mit einem Armeecorps zwei Stunden davon abwärts an diesem Flusse zu Rivolta postirte Grosprior, Bruder des Herzogs, damit, ihm nicht zu Hülfe geeilt zu seyn, weil er keinen Kanonendonner gehört habe, wobei er die ihn begleitenden Offiziere zu Zeugen aufrief. Diese Schlacht fand am 15ten August Nachmittags zwischen 3 und 5 Uhr statt.

Bei Montereau an der Seine, wo der jetzige König von Würtemberg von früh 10 Uhr bis Abends 5 Uhr das Schlachtfeld gegen Napoleon behauptete, dann aber zum Rückzug genöthigt wurde und wo ein Feuer von mehr als 100 Geschützen stattfand, wurde dieses aufwärts an der Seine zu

Bray von dem Fürsten Schwarzenberg und seinem Stabe in einer Entfernung von 4½ Lieues nicht gehört. Der Mittags dorthin abgeschickte preußische Offizier hörte es erst in der Entfernung einer deutschen Meile. Der 25. Januar, an welchem sich dieß ereignete, war ein für die Jahreszeit heiterer, milder und windstiller Tag. Bei der Schlacht bei Liegnitz am 13. August hörte der auf der Höhe bei Weissenhoff campirende Feldmarschall Daun nichts von dem nur eine Meile entfernten Geschützdonner der Schlacht, in welcher Laudon bei Panten von Friedrich dem Großen geschlagen wurde. In derselben Gegend habe ich von der Schlacht an der Katzbach aus der Entfernung einer Meile nicht einen Schuß gehört, den Kanonendonner der Schlacht bei Bautzen aber sehr deutlich aus 18 Meilen Entfernung. In dem letzten Kriege der Engländer und Amerikaner standen die durch einen Fluß getrennten Vorposten derselben einander so nahe, daß sie sich deutlich erkennen konnten. Der Boden war mit frischgefallenem Schnee bedeckt. Vom englischen Ufer aus sah man einen amerikanischen Trommler deutlich trommeln, hörte ihn aber nicht. *)

Welches ist der Grund dieser auffallenden Erscheinung?

Dem chinesischen Kaiser Kang-hi verdankt man bekanntlich schon die interessante Bemerkung, daß die größte Entfernung, in welcher man den Donner hört, fünf Meilen sei, während Kanonenschüsse doch 15 Meilen weit gehört würden. Als am 25. Januar 1757 ein furchtbarer Blitz und Donnerschlag den Kirchthurm von Lestwithiel zerstörte, sah Smeaton

*) Brewster letters on natural magic addressed to Walter Scott. Lond. 1832. p. 220.

deutlich den Blitz, hörte aber aus einer Entfernung von 6 deutschen Meilen durchaus keinen Donner. Muschenbroek berichtet, daß man ein starkes Gewitter im Haag weder in dem 4 Lieus entfernten Leyden noch in dem 5¼ Lieus entfernten Amsterdam höre. Daß aber laute Donnerschläge eben so stark sind als Geschützsalven, ist bekannt, ja den Donnerschlag, durch welchen am 2. März 1769 eine der Zinnen des Thurmes von Buckland Brewer herabgeschleudert wurde, vergleicht Parton mit dem Schall von 100 Kanonenschüssen. Gewitterluft ist also zur Fortpflanzung des Schalles weniger tauglich als andre Luft und daher das Wetterleuchten so häufig, bei welchem wir von einem fernen Gewitter den Blitz sehen, ohne den Donner zu hören.

Wasser, Eis, Bergkrystall, obgleich vollkommen durchsichtig werden innig mit Luft gemischt als Schaum, Nebel, Schnee, Sand undurchsichtig, denn da an der Grenze zweier Medien stets ein Theil des Lichtes reflectirt wird, so schwächt es sich im Verhältniß der häufigen Abwechselung beider durchsichtigen Bestandtheile. Dasselbe gilt vom Schall, der wie Versuche im Genfer See gezeigt haben, im Wasser erregt schwach in der Luft gehört wird, in der Luft erregt, schwach im Wasser. Darin liegt unmittelbar der Erklärungsgrund der bekannten Erscheinung, daß in dichtem Schneegestöber oft das Geläute des nächsten Schlittens nicht gehört wird, daß die Stimme des Führers im Gebirgsnebel verhallt, ohne von dem zurückgebliebenen Reisenden vernommen zu werden. So lange der Champagner moussirt, klingt das Glas beim Anstoßen wie ein Topf, erst wenn keine Kohlensäure sich mehr entwickelt tritt mit dem Durchsichtigwerden des Weines zugleich der reine Klang hervor.

Daß ein Durchsichtigwerden der Luft sie zugleich tauglicher zur Fortpflanzung des Schalles mache, wird ferner dadurch bestätigt, daß Bergbewohner eine Veränderung der Witterung ankündigen, wenn bei ruhiger Luft die Schneeberge plötzlich dem Beobachter näher zu stehen scheinen, und ihre Umrisse gegen den blauen Himmel mit ungewöhnlicher Schärfe zeigen. Dieses Durchsichtigwerden der Luft, ein Anzeichen eintretenden Regenwetters, erklärt sich dadurch, daß der in der Luft schwebende Staub bei vermehrter Feuchtigkeit diese anzieht und dadurch schwerer werdend herabsinkt. Aber die Bergbewohner sagen dann auch: es wird regnen, denn man hört das Rauschen der Ströme näher.

An heitern Wintertagen, wenn die Sonne aber bereits Kraft gewonnen hat, erscheint die Luft oft höchst durchsichtig und doch ist es nicht möglich ein telegraphisches Zeichen auch nur durch einige Stationen hindurch zu bringen. Diese Witterungsconstitution nennen die Astronomen unruhige Luft. Ein Stern geht dann nicht stetig am Horizontalfaden des Fernrohrs fort, sondern hüpft herauf und herunter. Solch Luft ist nämlich eine innige Vermengung warmer aufsteigender und herabsinkender kalter Luft, der Weg des Lichtes ändert sich daher, je nachdem er diese oder jene trifft. Durch solche Luft pflanzt sich daher auch der Schall viel weniger deutlich fort, als durch Luft, die nicht in solchem auf- und abgehenden Strömen begriffen ist. Dieß erklärt die bedeutende Zunahme des Schalles in der Nacht.

Die Erklärung, daß das Geräusch des Tages Laute verdeckt, welche die Stille der Nacht vernehmen läßt, liegt so nahe, daß es unpassend erscheint nach einer objektiven Ursache in der Beschaffenheit der Luft zu suchen. So wie beim

Tageslicht die Sterne verschwinden, und erst für das durch das Fernrohr geschärfte Auge wiederum sichtbar werden, so verlangt das Ohr, um seine äußerste Empfindlichkeit zu bekommen, lange andauernde und vollkommene Ruhe. Das in stiller Nacht mächtige Rauschen der Werderschen Mühlen auf dem Wege von der Schleusenbrücke zur Schloßfreiheit wird von dem Berliner Tageslärm vollkommen verdeckt. Mußte doch Biot seine Versuche über die Fortpflanzung des Schalles in eisernen Röhren in die Morgenstunden, wo Paris schläft, verlegen, während der Lärm der Nacht sie anzustellen verhinderte. Als ich vor zwanzig Jahren an den Beobachtungen Antheil nahm, durch welche Brandes die Bahn der Sternschnuppen zu bestimmen suchte, war es mir höchst auffallend, wie deutlich man auf der Plattform des hohen Thurms der Breslauer Sternwarte alle Gespräche verstand, welche in den Höfen der Häuser des daran grenzenden Platzes geführt wurden. Dennoch giebt es noch einen objektiven Grund für die Erscheinung.

In den Ebenen, um die Mission von Antures, berichtet Hr. v. Humboldt, hört man das Getöse der über eine französische Meile entfernten großen Wasserfälle des Orinoco noch so laut, daß man sich in die Nähe der Brandung an einer felsigen Küste versetzt glaubt. Nachts ist dieses Getöse dreimal stärker als während des Tages, und giebt diesen einsamen Orten einen unaussprechlichen Reiz. Welches kann die Ursache dieser Zunahme in der Stärke des Schalles in einer Einöde seyn, wo, wie es scheint, nichts das Schweigen der Natur unterbricht. Vielleicht glaubt man, in diesen menschenleeren Gegenden mache das Summen der Insekten, das Gezwitscher der Vögel und das Rauschen der bei dem leisesten

Winde sich bewegenden Blätter Tags über ein verwirrtes Getöse, das man bei seiner Einförmigkeit nicht wahrnehme, welches aber das Ohr beständig fülle und dadurch die Intensität eines starken Getöses vermindere, indeß diese Verminderung während der Stille der Nacht nicht stattfindet, weil dann Insekten, Vögel und Luft ruhen. Aber dieser Grund, auch wenn man ihn überhaupt als gültig zugeben wollte, findet auf die Wälder des Orinoco keine Anwendung. Hier ist die Luft stets von einer unzähligen Menge von Mosquitos erfüllt und das Summen der Insekten Nachts viel stärker als bei Tage und läßt Wind hier je sich spüren, so ist es nicht anders als nach Sonnenuntergang der Fall. Der Grund der Erscheinung ist eben die ungleiche Erhitzung der verschiedenen Theile des Erdbodens, wodurch kleine Ströme erwärmter Luft die kältere durchziehen, denn der Rasen wird bei Tage 30 Grad, der dort häufig anstehende Granit hingegen 48° warm. Da nun, wo die Dichtigkeit des Mittels sich plötzlich ändert, theilt sich die Schallwelle in zwei Wellen, oder es bilden sich partielle Echos, welche den Schall schwächen, weil eine derselben in sich selbst zurückgeht.

Aus den Beobachtungen der irdischen Strahlenbrechung weiß man, daß während eines Gewitters warme und kalte Luftschichten mannigfach wechseln. Nimmt man dazu den herabfallenden Regen, so scheinen die Bedingungen für die Schwächung des Schalles hier im vollsten Maaße vorhanden zu seyn.

Endlich ist die Stärke des Schalles abhängig von der Dichtigkeit der Luft, in welcher er erregt wird, nicht aber von der Dichtigkeit der Luft, in welcher er vernommen wird.*) Daher klingt ein auf einem hohen Berge fallender Schuß schwach im Thal, hingegen wird der im Thal fallende auf dem Berge laut gehört. Saussure hörte auf dem Montblanc den Schuß einer vor ihm abgefeuerten Pistole nur so laut wie den Knall eines kleinen Terzerols, und bei künstlicher Verdünnung unter der Luftpumpe verschwindet er ganz. Daher gleicht nichts dem tiefen Schweigen auf der Spitze der höchsten Alpengipfel. Welche furchtbare Intensität muß daher die Explosion der Meteore haben, welche wir unter dem Namen der Feuerkugeln kennen und aus welchen die Meteorsteine herabfallen. Das von 1719 ertönte bei einer Höhe von 14 deutschen Meilen unten wie ein schwerer Kanonenschuß und erschütterte Thüren und Fenster. Das vom Jahr 1756 warf in Aix in der Provence einige Schornsteine herab.

Zu den objectiven Gründen, welche zu bestimmten Zeiten denselben Laut uns deutlicher oder undeutlicher vernehmen lassen, kommen noch subjective hinzu, unsre Stimmung, ein bezeichnender aus der Sphäre des Tones unmittelbar entlehnter Ausdruck. Wenn die wachsende Dämmerung einen immer dichteren Schleier über die Gegend verbreitet, auf welche wir von der Höhe hinabblicken, wer fühlt sich nicht ernst und wehmüthig gestimmt, wenn aus dem stillgewordenen Thale die Klänge der Abendglocke heraufzittern, welchen widerlichen Eindruck macht hingegen im Tageslärm einer lebhaften Stadt wie Cöln, das ewige Gebimmel der

---

*) Auf die Geschwindigkeit des Schalles hat dieß aber keinen Einfluß, d. h. bei gleichem Wärmegrade pflanzt sich der Schall auf der Spitze des Berges ebenso schnell fort als im Thale. Dieß haben die Versuche von Stampfer und Myrbach in der Nähe von Salzburg erwiesen, wo der Unterschied der beiden Stationen 4198 Fuß betrug.

verschiedenen Kirchen und Kapellen. Ebenso kann der gewöhnlichste Ton etwas Schreckhaftes werden, wenn wir geistig aufgeregt sind. Das Picken der Wanduhr, das Arbeiten des Holzwurms wird dem schlaflosen Kranken zur Qual. Dürfen wir uns wundern, daß da wo die Sicherheit des Daseyns fehlt, das stets gespannte Ohr für das leiseste Geräusch empfänglich wird. Wo für den Europäer tiefe Stille, hört der Indianer den schleichenden Tritt seines Feindes, in der Wüste, wo jeder dein Feind, wie der Araber sagt, ist das Rollen eines Sandkornes schreckhaft. Daher jene wunderbare Schärfe des Gehörs bei den Beduinen. Während der Feindseligkeiten in der Nähe von Algier wurde eine Abtheilung französischer Reuter vermißt und Capitain Lagondie ausgesandt, sie aufzusuchen, wobei ein verbündeter Araber ihn als Führer begleitete. Schon war es ganz finster, als sie Pferdegetrappel hörten. Lagondie in der freudigen Voraussetzung, daß es die gesuchten Landsleute seien, befahl dem Trompeter, sie mit seinem Instrument willkommen zu heißen. Halt, rief der Araber, es können Beduinen seyn, keinen Lärm, wir wollen hören, was sie sprechen. Lagondie und seine Leute horchten lange, konnten aber keinen Laut unterscheiden. Aber des Arabers Ohr war schärfer. Ja, es sind Franzosen, sagte er, wenigstens sprechen sie nicht arabisch, und sie waren es wirklich.

Wirft man auf den ruhigen Spiegel eines Teiches einen Stein, so erhebt sich neben demselben das Wasser, es entsteht eine kreisförmige Welle. Mit derselben Kraft, mit welcher eine gewisse Wassermenge um eine bestimmte Größe gehoben wird, kann eine größere nur weniger gehoben werden. Je weiter die Welle sich also vom Erregungspunkte entfernt, desto flacher wird sie, bis sie endlich ganz verschwindet. Schreitet hingegen die Welle in einer graden Rinne oder in einem langen Kanal fort, so behält sie ihre Höhe, weil bei gleichbleibendem Querschnitt in verschiedenen Entfernungen doch dieselbe Wassermenge gehoben wird. Das, was bei der Wasserwelle Höhe ist, ist bei der Schallwelle Dichtigkeit, und da von dieser die Stärke des Schalles abhängt, so sieht man ein, daß in einer Röhre der Ton seine Stärke unverändert beibehält. Wie laut hört man auch im letzten Wagen eines langen Zuges das Arbeiten der Lokomotive, wenn man in einen langen Tunel einfährt, wie deutlich aus weiter Ferne das Herabfallen der Wassertropfen im Hauptstollen des Altwasser Kohlenreviers. In Carisbrook Castle bei Newport auf der Insel Wight ist ein 210′ tiefer 12′ weiter Brunnen, dessen innere Wände glatt ausgetäfelt sind. Läßt man in diesen Brunnen eine Stecknadel fallen, so hört man deutlich den Schlag derselben ins Wasser. *) Am Ende einer 2926′ langen Wasserleitungsröhre hörte Biot das leiseste Lispeln einer vom andern Ende hineinsprechenden Person, ja mit so unveränderter Dichtigkeit wurde ein Impuls durch dieselbe fortgepflanzt, daß ein Pistolenschuß am andern Ende ein Licht auslöschte und Papierschnitzel mit sich fortriß. **) Solcher Röhren bedient man sich häufig in neuern Häusern, um die Dienerschaft in den Souterrains zu rufen, auf der schiefen Ebene bei Lüttich, um der stationären Maschine das Signal zu geben. Das Ohr des Dionysos war eine ähnliche Vorrichtung. Unter dem Schalldeckel des Heerdes hört man oft

---

*) Herschel on sound. Encycl. Metrop. Mixed. Scienc. p. 751.

**) Mémoires d'Arcueil 2 p. 405.

das Gespräch in einer andern Küche durch mehrere Etagen hindurch und der Schornstein ist die Sprachröhre, durch welchen die Gefangenen in einem großen Detentionshause sich vermittelst der Öfen mit einander unterhalten.

Vor vierzig Jahren erregte ein akustisches Wunder die allgemeinste Aufmerksamkeit, die Fabel der neuen Melusine schien Wahrheit geworden, denn aus einer frei an Bändern herabhängenden Kugel von nur einem Fuß Durchmesser ertönte auf jede gestellte Frage die deutliche Antwort des unsichtbaren Mädchens, welches von Paris bis Moscau alle jungen Männer in Bewegung, alle Physiker zur Verzweiflung brachte. Nachdem das Räthsel dieser künstlichen Sprachröhre gelöst, verlor sich das Interesse des Publikums und der Künstler verkaufte sein entzaubertes Wunderkind an das physikalische Cabinet der Breslauer Universität, wo es sich noch befindet.

So wie in einem sich allmählig verengenden Kanale eine Wasserwelle sich immer höher aufstaut, so steigt in einer sich verengenden Röhre die Verdichtung der Luft in der Schallwelle. Diesen Zweck hat die äußere Ohrmuschel, die wir durch die daran gehaltene Hand zu vergrößern suchen, wenn wir eine leise Stimme vernehmen wollen. Das Hörrohr erfüllt denselben Zweck für den Harthörigen.

Wenn ein Dampfschiff durch einen breiten Kanal eben hindurchgegangen, so kehrt die nach dem Ufer hin fortschreitende Welle von diesem zurück, und trifft mit der vom andern Ufer reflectirten in der Mitte zusammen. Noch deutlicher sieht man diese Rückkehr der Wellen, wenn ein vom Stapel gleitendes Schiff sich mit dem Vordertheil in das Wasser hineinwühlt und auf der ersten hohen Welle, die es erzeugt, sich dann stolz wieder erhebt. Auf ganz ähnliche Weise wird die Schallwelle von einer senkrechten Mauer reflectirt und so entsteht

> Die Echo, die als Knaben wir gesucht
> Und sie laut rufend oft den Wald durchirrt,
> Der Wiederhall von unsrer eignen Stimme,
> Der schweigend wird, wenn unser Mund verstummt.

Beim Licht und beim Schall bilden der auffallende und reflectirte Strahl mit der zurückwerfenden Ebene gleiche Winkel und liegen in einer darauf senkrechten Ebene. Damit das Echo nicht nach der Höhe gehe, sondern das Ohr treffe, müssen daher die Echo gebenden Wände lothrecht seyn. Quadersandstein eignet sich wegen seiner steilen Abstürze dazu am meisten. Das prachtvolle Echo auf dem Oybin bei Zittau und in Adersbach sind Beispiele davon. Ebenso günstig für seine Bildung sind architektonische Gegenstände wegen ihrer lothrechten Fläche. Das sechsfache über dem Beobachter ertönende Echo auf dem runden Platze in Kassel ist wohl das nächste Beispiel. Aber es giebt viel auffallendere. Das im Alterthum berühmteste war das am Grabmal der Metella, es wiederholte den ersten Vers der Aeneide:

arma virumque cano Trojae qui primus ab oris

achtmal. Unter den neuern sind vorzüglich berühmt das von Simonetta bei Mailand, welches einen Pistolenschuß 56mal wiederholt, das 22fache der Menaibrücke, das 17fache am Lurleyfelsen, das im Woodstock Port 17fach am Tage, 20fach in der Nacht, das 15fache von Lago del Lupo über dem Fall von Terni und andre. Die Vielfachheit entsteht in der Regel dadurch, daß der Punkt, wo sich die zurückgeworfenen Schallstrahlen kreuzen, von den einzelnen Echo gebenden Wänden ungleich entfernt ist, der Schall daher ungleiche Zeit bedarf den Hin- und Rückweg zu durchlaufen, häufig aber auch, daß der Schall zwischen zwei parallelen Wänden hin und her geworfen wird. Am schönsten zeigt sich dieß in Verdun zwischen zwei Thürmen, wo man ein gesprochenes Wort in der Mitte stehend 13mal in gleichen Intervallen immer schwächer werdend sich wiederholen hört. Häufig fällt der Durchschnittspunkt der reflectirten Schallstrahlen auf einem andern Punkt als den Erzeugungspunkt. So hört man in einem länglichen Hofe bei Genetay die Stimme des Singenden nicht zugleich mit dem Wiederhall, sondern abwechselnd die eine oder den andern. Dieß bildet den Übergang zu den Sprachgewölben, bei welchen an einer bestimmten Stelle ein an der andern leise gesprochenes Wort deutlich vernommen wird. Die hohe Kirche von Striegau in Schlesien, die Abtei von St. Albans, die whispering gallery in der Paulskirche von London, die Cathedrale von Glocester gehören hierher. Am bekanntesten ist die Cathedrale von Girgenti in Sicilien, welche auf diese Weise die Geheimnisse des Beichtstuhles ausplauderte. *)

Je näher die reflectirende Fläche dem Erregungspunkte, desto schneller folgt das Echo dem Rufe, ein einsilbiges erfordert 51′ Abstand, ein viersilbiges 206. Fallen beide zusammen, so verwandelt sich das Echo in den Nachhall, wovon wir ein so prächtiges Beispiel an der Kuppel unsers Museums besitzen. Die schnellen Echos in einem Saale des Palastes Manfroni in Venedig und in der Bibliothek des Museums von Neapel bilden dazu den Übergang.

*) Travels through Sicily and the Lipari Islands, by a Naval Officer. London 1827. 8.

Wenn bei dem Donner das Echo auch mitwirkt, so ist es doch nur ein Nebengrund seiner Dauer. Stehe ich in dem Mittelpunkt eines von Soldaten gebildeten Kreises, so höre ich, wenn sie gleichzeitig ihre Gewehre abschießen, nur einen Knall. Stehe ich neben dem linken Flügelmann einer 525 Schritt langen Reihe, so höre ich den Schuß des rechten Flügelmanns schon eine Sekunde später als den meines Nachbars, die Salve also als einen Donner von einer Sekunde Länge, ist die Reihe 5250 Schritt lang, einen 10 Sekunden anhaltenden Donner. Entzündet sich der Blitz gleichzeitig in einer eine Meile langen Gewitterwolke, so kann die Dauer des Donners 20 Sekunden betragen.

Hohe und tiefe Töne pflanzen sich in der Luft so wie überhaupt in jedem Schall leitenden Mittel gleich schnell fort. Wäre dieß nicht der Fall, so müßte bei jedem Musikstück angegeben werden, aus welcher Entfernung man es hören müsse. Da nun die Geschwindigkeit des Schalles durch seine Reflexion nicht geändert wird, so giebt ein fernes Echo die Melodien im richtigen Zeitmaß wieder. Hingegen sind wegen der Langsamkeit, mit welcher der Schall sich fortpflanzt, zwei erheblich von einander entfernte Chöre schwer in gehörige Übereinstimmung in Ansehung des Zeitmaßes zu bringen, weswegen große Orchester nachtheilig sind. Aus demselben Grunde tritt, da im Geschwindschritt in einer Minute 108 Schritte gemacht werden, wenn die Trommeln an der Spitze eines Zuges Soldaten sich befinden, das Glied, welches 570′ hinter dem ersten, erst mit dem rechten Fuß auf, wenn das erste bereits den linken aufsetzt, weswegen es sehr zweckmäßig ist, bei einer Parade das Musikchor halten zu lassen. So wie der Schall zwischen parallelen Mauern hin und her geworfen wird, eben so geht ein in einer Röhre erregter Impuls hin und zurück und zwar mit derselben Geschwindigkeit, mit welcher der Schall fortrückt. Geht dieser in der Sekunde 1000 Fuß weit, so wird in einer einen Fuß langen Röhre jene Verdichtung oder Verdünnung 500mal hin und 500mal zurückgehen. Der Ton einer solchen Pfeife wird also der seyn, welcher durch 1000 einfache Schwingungen entsteht. In einer halb so langen Pfeife wird das Hin- und Hergehen noch einmal so häufig werden, in der dreimal kürzeren Pfeife dreimal häufiger. Da nun eine halb so lange Pfeife die höhere Oktave giebt, eine dreimal kürzere die nächsthöhere Quinte, die, deren Länge $\frac{3}{4}$, die Quart, die $\frac{4}{5}$ lange die große Terz und die $\frac{5}{6}$ lange die kleine Terz, so sieht man leicht ein, daß vom Einklang an durch die consonirenden Zusammenklänge hindurch, das Verhältniß der Schwingungen immer complicirter wird, das gleichzeitige Zusammentreffen derselben immer seltener, mit einem Wort, daß die Harmonie zuletzt Disharmonie wird.

Daß die consonirenden Verhältnisse, welche in den Zahlen 1 bis 6 und deren Verdoppelung enthalten sind, für sich dem Gehör gefallen, ist wohl im Allgemeinen anzunehmen, hingegen in Ansehung des mehreren oder mindern Wohlgefallens an weniger einfachen Verhältnissen, wie auch an Compositionen, in welchen der Hauptsatz das ganze Stück hindurch wechselsweise von allen vorhandenen Stimmen ergriffen wird, ohne daß eine der andern zur Begleitung dient, vielmehr jede den Character einer Hauptstimme mit gleichem Rechte behauptet, in Beziehung auf solche Compositionen, kommt es darauf an, ob der Hörende die dazu erforderliche Empfänglichkeit besitzt, welche ihm entweder von der Natur verliehen, oder durch musikalisches Studium erworben seyn kann. So wird der Kenner durch manchen fugirten Chor entzückt, welcher auf einen Andern, der nicht im Stande ist, den Gang der verschiedenen Stimmen und deren Übereinstimmung zu einem harmonischen Ganzen zu fassen, entweder gar keine, oder vielmehr eine unangenehme Wirkung äußert. Wenn man den allgemeinen Enthusiasmus sieht, zu welchem in unsern Tagen selbst die gelehrtesten Compositionen alle Zuhörer fortreißen, so kann man sich eines stolzen Gefühles nicht erwehren, einer Zeit anzugehören, in welcher die Zahl wahrer Kunstkenner in einer einzigen Stadt sich nur nach Tausenden bestimmen läßt. Zwar sagt der tiefblickende Cartesius: unter den sinnlichen Eindrücken sind dem Geiste weder die die angenehmsten, welche zu einfach, noch die, welche zu verwickelt sind, sondern die, welche weder so einfach sind, daß sie der sinnlichen Anforderung unmittelbar genügen, noch so complicirt, daß sie die Sinne ermüden. Aber Cartesius schrieb in der Zeit des dreißigjährigen Krieges und wir sind Gott lob etwas weiter.

Wenn man einem Virtuosen versichert, daß der Zauber der Musik zuletzt auf längeren und kürzeren Wellen in einem gewissen Verhältniß des Beisammenseyns und der Aufeinanderfolge beruhe, so wird ein ungläubiges Lächeln seine Antwort seyn. Der Behauptung, daß das Wohlgefallen am Einklang in der Befriedigung bestehe, welches uns diejenigen Intervallen gewähren, deren Schwingungsverhältniß sich durch kleine Zahlen ausdrücken läßt, wird er entgegnen, kannst Du denn glauben, daß die Seele im Geheim und Dir unbewußt die Schwingungen überzähle, und an der wahrgenommenen Einfachheit der Verhältnisse ein Wohlgefallen finde. Beantworte ich diese Frage mit Ja, so habe ich es, selbst wenn ich mich auf die Autorität von Leibnitz *) berufe, für immer mit ihm verdorben, denn was soll er von mir für eine Vorstellung gewinnen, wenn ich ihm eingestehe, daß die Begeisterung, zu der er mich hinreißt, nichts als ein Dank dafür ist, daß das mir von ihm aufgegebene Rechenexempel sich zuletzt in eine einfache Aufgabe auflöst. Muß sich der Physiker dennoch zu diesem Ja entschließen, so muß er erhebliche Gründe haben, directere wenigstens als jener Schluß aus der Pfeifenlänge.

Halte ich an den Umfang eines Rades, in welchen 100 Zacken eingeschnitten sind, eine Charte oder irgend eine elastische Feder, so wird jeder zugeben, daß diese bei einmahliger Umdrehung des Rades hundertmal von den Zacken heruntergleitend die Luft hundertmal durch einen Anstoß verdichten wird, dreht sich hingegen in derselben Zeit das Rad zweimal herum, zweihundertmal. Der im zweiten Falle entstehende Ton ist genau die höhere Oktave des ersten. Noch directer. Ich befestige auf derselben Drehungsachse vier gleich große Räder, die Anzahl der in ihren Umfang geschnittenen Zähne ist 100, 125, 150, 200, dann höre ich, wenn die Charte über diese Räder streift, bei jeder Drehungsgeschwindigkeit den Dreiklang. Das erste und vierte geben die Oktave 1:2, das erste und dritte die Quinte 2:3, das erste und zweite die große Terz 4:5. Aber dem Künstler sind diese Töne vielleicht zu schwirrend. Gut, er soll sie vollkommen rein haben. Ich nehme statt der Zackenräder Kreisscheiben, in deren Flächen am Rand gleich weit von einander abstehende Löcher einge-

*) Musica est exercitium arithmeticae occultum nescientis se numerare animi. Epist. ad divers. 1 p. 154.

schlagen sind. Gegen diese sich drehende Scheibe strömt ein Luftstrom aus einem Gebläse, der durch die vorbeigehenden Löcher frei hindurch kann, durch ihre Zwischenwände hingegen gestaut wird. Ich höre nun ganz dasselbe, aber in vollkommen reinen Tönen. Als Physiker habe ich also mein voriges Ja gerechtfertigt.

Jeder Körper kann als Ganzes schwingen, oder als Hälfte, Drittel, Viertel u. s. f. Im ersten Fall giebt er seinen Grundton, dann die Oktave, die höhere Quinte, die zweite Oktave, die darauf folgende große Terz u. s. f. Das ist nach dem eben gesagten nun von selbst klar. Diese Flageolettöne erhält man bei den Pfeifen durch verschieden starkes Anblasen, bei den Saiten dadurch, daß man einen bestimmten Punkt derselben durch Dämpfen zur Ruhe bestimmt oder die Saiten dicht am Steg mit dem Bogen berührt. Stücke für ein Blasinstrument ohne Klappen, wie das Waldhorn, müssen daher, wenn sie ohne Stopfen gespielt werden, hochgesetzt werden, weil die tiefern Töne zu weit auseinander liegen, um eine Melodie in sie einzufügen. Bei der Aeolsharfe entstehen die verschiedenen Töne der sämmtlich im Einklang gestimmten Saiten je nachdem der Wind bald in der Mitte, bald nahe am Ende die Saiten zum Tönen anregt.

In warmer Luft pflanzt sich der Schall schneller fort als in kalter, *) in der Gluthitze von Madras nämlich in der

*) Bei dem Frostpunkte ist die Schallgeschwindigkeit 1025 Fuß. Feuerte man also bei 2 Grad Wärme genau um Mittag in Florenz eine Kanone ab, so würde man, vorausgesetzt, daß er so weit hörbar wäre, den Schuß in Nizza und Toulouse hören, wenn es dort auch zwölf schlägt. Denn unter dieser Breite dreht sich die Erde so schnell nach

Sekunde 100 Fuß weiter als im eisigen Januar der Melvilleinsel. Daher tönt eine Pfeife höher, wenn sie wärmer wird. Aus diesem Grunde ziehen sich gegen das Ende des Concerts die Blaseinstrumente etwas in die Höhe. Für Metalle gilt das Umgekehrte, denn ein warmer Stab ist weniger elastisch als ein kalter, schwingt daher langsamer. Daher darf ein Concert nicht zu lange dauern, denn sonst verstimmt es sich und uns.

Im Stahl geht der Schall 15mal schneller als in der Luft, daher ist der Longitudinalton eines stählernen Stabes in diesem Verhältniß höher als der Ton einer gleich langen offenen Pfeife. So wie man die Geschwindigkeit des Schalles in der Luft unmittelbar aus dem Ton einer Pfeife erhält, wenn man seine Schwingungszahl mit ihrer Länge multiplicirt, so erhält man in gleicher Weise aus dem Tonverhältniß gleich langer Stäbe aus verschiedenen Substanzen die Geschwindigkeit, mit welcher der Schall sich in ihnen fortpflanzt. Dieses scharfsinnige Verfahren verdanken wir, wie überhaupt das ganze wissenschaftliche Gebäude der Akustik, einem deutschen Physiker: Chladni.

Was die Construction der musikalischen Instrumente betrifft, so wird eine desto größere Mannigfaltigkeit von Tönen erhalten werden, je vielfacher die Mittel sind die Schwingungszahl zu verändern. Der Einfluß der Länge gilt in gleicher Weise für Pfeifen, Saiten, Stäbe. Dadurch ist die Form des Flügels, der Harfe, Orgel unmittelbar gegeben, ebenso der Pansflöte, welche man aus dem hohen Alterthum

Osten, als der Schall sich westlich verbreiten würde. Am Aequator ist die Drehungsgeschwindigkeit der Erde im Verhältniß 4:3 größer als die Fortpflanzungsgeschwindigkeit des Schalles.

kennt, ebenso wie sie Forster auf den Freundschaftsinseln antraf. Die Glasharmonika von Scheiben und Glocken, die Eisenvioline, die Spieldose, das Euphon und der Clavicylinder gehören ebenfalls hierher, so wie die lebendige Orgel, die von Maresch auf Veranlassung des Fürsten Narischkin eingerichtete russische Hornmusik, wo, da jedes Instrument nur einen Ton giebt, die Thätigkeit des Künstlers auf das richtige Einhalten der Pausen sich beschränkt. Da eine messingene Stimmgabel bei gleichen Dimensionen tiefer tönt als eine stählerne, weil sie als weniger elastisch langsamer schwingt, da die vierfach gespannte Saite eben so wie die halb so dicke noch einmal so oft schwingt, so ist die Nummer und das Material der Saite von Einfluß, die Spannung hingegen das Mittel, das was an Länge, Stärke und Material fehlerhaft, in der Stimmung auszugleichen. Auch kann derselbe tönende Körper mechanisch verlängert und verkürzt werden. Dieß geschieht bei Flöten, Oboen, Clarinetten durch Öffnen und Schließen der Seitenlöcher und Klappen, bei der Posaune durch Ausziehen in einander verschiebbarer Röhren, bei Guitarre, Geige und Violoncell durch Greifen. Hier findet der Künstler keinen fertigen Ton vor, sondern während des Spiels bildet er sich erst den Körper, der ihn hervorrufen soll. Er beherrscht nicht nur das Instrument, sondern ist sein Schöpfer.

Feste Körper können ohne flüssig zu werden im Verlauf der Zeit ihr inneres Gefüge verändern. Der im frischen Zustande durchsichtige Bonbon mit muschligem Bruch wird allmählig undurchsichtig und erhält körniges Gefüge. Er hat sich aus einem glasartigen Körper in einen porcellanartigen verwandelt. Ist es zu verwundern, daß ein oft in Schwingung versetzter Körper besser schwingt, daß eine Geige desto schöner wird, je öfter sie gespielt wird. Der Künstler übt sich auf dem Instrument, oder dieß mit ihm, beide lernen.

Zwei auf dem Tische liegende Taschenuhren, welche nicht genau gleich gehen, treffen manchmal mit ihren Schlägen zusammen, dann gehen diese wiederum aus einander, ebenso zwei Saiten, welche nicht genau gleich schwingen. Treffen ihre Schwingungen zusammen, so drückt die von beiden gleichzeitig verdichtete Luft das Trommelfell noch einmal so stark in den Kopf, der Ton wird also doppelt so stark werden, trifft hingegen die Verdichtung der einen auf die Verdünnung der andern, so wird das Trommelfell von gleichen Kräften nach entgegengesetzten Richtungen getrieben, stillstehen, der Ton also verschwinden. Zwei nicht ganz gleich gestimmte Saiten oder Pfeifen geben also abwechselnde Anschwellungen des Tones, getrennt durch vollkommenes Verschwinden desselben. Dieß sind die Schwebungen, battements oder Stöße,*) die je weiter die beiden Saiten in ihrer Schwingungszahl aus einander stehen, desto häufiger erfolgen, ja bei einer reinen Quinte schon so oft, daß durch das Zusammentreffen der zweiten, vierten, sechsten Schwingung der einen mit der dritten, sechsten, neunten der andern die tiefere Oktave des tiefern Tones als Tartinischer Ton mitgehört wird. So wie nun das Hervortreten dieses von Andreas Sorge im Jahr 1745 entdeckten Tones**) ein Beweis ist, daß die Quinte vollkommen rein ist, so erhält man durch das Zählen der Stöße zweier Schwebungen ge-

*) Hält man zwei Stöße gebende Stimmgabeln über ein über einen Ring gespanntes Goldschlägerhäutchen, so springt darauf gestreuter Sand in den Intervallen, in welchen die Stöße erfolgen, in die Höhe.

**) Tartini's Trattato di Musica seconda la vera scienza dell' Armonia ist erst 1754 in Padua erschienen.

benden Töne unmittelbar, wie viel der eine Schwingungen mehr macht als der andere *) und dadurch ein Mittel auch ohne feineres musikalisches Gehör zu stimmen. Dieß ist das ingenieuse vom Seidenfabrikanten Scheibler **) in Crefeld erfundene Verfahren der reinsten Stimmung. Als Spohr eine auf diese Weise gestimmte Orgel und einen so gestimmten Flügel hörte, äußerte er, er fürchte, wenn man Instrumente von solcher Reinheit öfter höre, werde man keine Orchestermusik mehr hören wollen. Und in der That erlaubt diese Weise auf 1000 Schwingungen eine zu unterscheiden, während der Künstler bei der Quinte $\frac{3}{20}$ Komma, bei der Oktave $\frac{1}{8}$, der Dilettant nur die Hälfte unterscheidet. ***)

So wie die Schwingungen zweier Töne einander aufheben können, so kann dasselbe auch durch die Schwingungen eines Körpers geschehen, wenn zwei Schallstrahlen sich schneiden, von denen der eine eben die Luft verdichtet, während der andre etwas weiter herkommend sie verdünnt. Diese Interferenz des Schalles hört man deutlich, wenn man eine dicht an das Ohr senkrecht gehaltene Stimmmgabel um ihre Achse dreht. †) Der Ton verschwindet viermal vollkommen über den Kanten. Durch dieses sich Übereinanderlegen von Verdichtungen und Verdünnungen entsteht die bekannte Er-

*) Sauveur sur la détermination d'un son fixe. Mém. de Paris, 1700. p. 131.

**) Anleitung die Orgel unter Beibehaltung ihrer momentanen Höhe gleichschwebend zu stimmen. Crefeld 1835.

***) Nach Delezenne im recueil des travaux de la société des sciences de Lille 1827.

†) Dreht man die horizontal gehaltene Stimmgabel vor der Öffnung eines, durch Eingießen von Wasser mit ihr gleichgestimmten Fläschchens um ihre Achse, so hören Viele gleichzeitig diese Interferenz. Sichtbar wird sie in dem bekannten Apparat von Hopkins.

scheinung, daß Saiten, Stäbe, Stimmgabeln dicht am Ohr glockenartig tönen, aus geringer Entfernung äußerst schwach. Damit sie weiter gehört werden, bedürfen sie des Mitschwingens eines flächenartigen Körpers. Dieß ist die Bedeutung der Resonanz.

Die Interferenzerscheinungen bilden die Brücke aus dem Gebiet des Schalles in das des Lichtes. Denn so wie zusammenfallende Töne Stille erzeugen können, so kann Dunkelheit entstehen am Kreuzungspunkte von Lichtstrahlen. An der Grenze dieses Schattenreiches, wo der Glanz des vollen weißen Lichtes sich abdämpft, baut das Prachtgebäude der Farbenwelt sich auf.

Diese Schwelle zu überschreiten verbietet mir die bereits verflossene Zeit. Aus demselben Grunde kann ich nichts von dem vollendetsten musikalischen Instrument, von der menschlichen Stimme, sagen, eben so wenig vom Wunderbau des Ohrs. Daher nur noch ein Paar flüchtige Bemerkungen.

Je mehr die Mittel, den Schwächen des Ohrs nachzuhelfen, dem nachstehen, was die Physik durch Brille, Fernrohr und Mikroskop für das Auge geleistet, desto erfreulicher ist es, daß in einer andern Richtung es gelungen ist den Schleier zu lüften, unter welchem die Natur so gern ihre Geheimnisse verbirgt. Ich meine die Fabersche Sprechmaschine, die das hartnäckige Problem der Nachbildung der Sprachlaute vollständig gelöst und dem größten Theile der Anwesenden, da sie hier in Berlin war, aus eigener Anschauung bekannt seyn wird. Giebt es aber auch etwas Interessanteres, als ein Instrument, auf welchem man jede beliebige Sprache durch Anschlagen der Tasten spielt, ein Instrument, vermittelst dessen man aus einem Buch mit den Fingern vorliest. Was übrigens das Urtheil über den Wohllaut der Sprache betrifft, so ist dasselbe nicht so objectiv wie das über Reinheit im Gebiete des musikalischen Tones, sondern mehr durch Gewohnheit bestimmt. Wenn wir Deutschen nicht begreifen, wie es Shakespeare gemacht, daß er der englischen Sprache diese melodischen Klänge abgelauscht, so sagt im Gegensatz dazu ein Kritiker im Foreign Review: bei der granitnen Sprache Luthers wollen wir unsern sächsischen Stammgenossen vergeben, daß sie in so rauhen Tönen zu uns reden. Endlich ein letztes Wort über das Ohr. Man wirft ihm vor, daß es keine Richtung zu beurtheilen verstehe. Zugegeben, denn die Kunst des Bauchredens beweist es.*) Aber hat es als Ersatz dafür nicht die Beziehung auf alle Richtungen. Warnt es uns nicht vor der hinterrücks nahenden Gefahr, wacht es nicht selbst im Schlafe für unsere Sicherheit? Wenn das Auge geschlossen, wenn die sonst gespannte Muskel im Schlummer gelöst, so giebt das Ohr Nachricht von dem nahenden Unheil. Ist der Mahnungsruf nicht zu laut, so bildet sich das aufdämmernde noch nicht an Raum und Zeit gebundene Bewußtseyn eine Geschichte, in welche jener Ruf sich verwebt, aber er wird dringender, und nun erhebt es, wenn auch zögernd, den Vorhang, welcher es von der Wirklichkeit trennt, um mit festem Blick ihr ins Auge zu sehen.

*) Diese Kunst findet sich auch bei den Eskimos. Private Journal of Captain G. F. Lyon. London 1824. p. 358.

FSC
www.fsc.org
MIX
Papier | Fördert
gute Waldnutzung
FSC® C083411

Zeitfracht Medien GmbH
Ferdinand-Jühlke-Straße 7
99095 Erfurt, Deutschland
produktsicherheit@kolibri360.de